The #100 challenge

SUDOKU

9x9 PUZZLE BOOK

solutions included

Vol 3

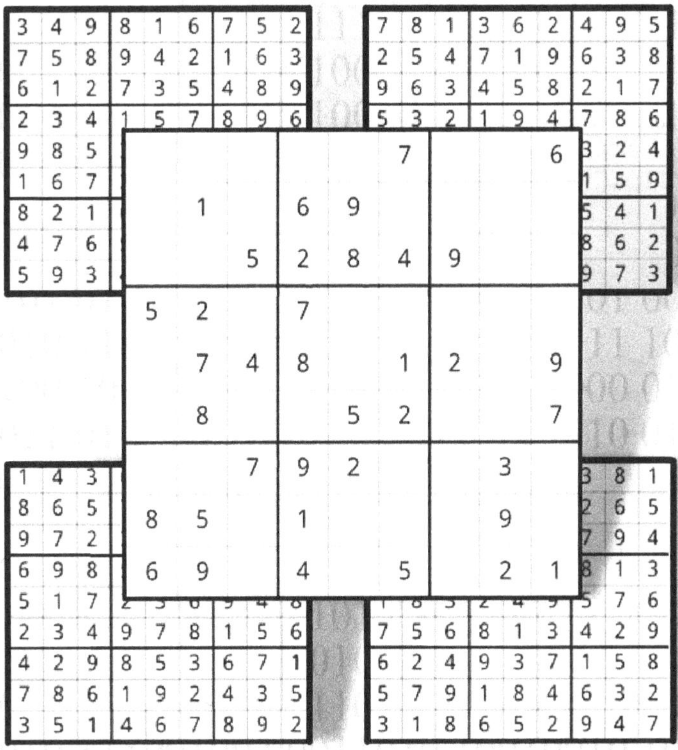

MEDIUM to HARD

Brain Trainer

- Yoshi Sakamoto -

Puzzle #1

9x9 Sudoku

			3	9			4	
		7	2	4	6	1		5
8	2					9		6
	1							
	4	8	5		9		7	
		5	4		3			8
4		2	9			8		
	8	9		5	4	6		3
	7			8				9

Puzzle #2

9x9 Sudoku

	7		6				8	5
		8		3	4	1	9	
								7
		4			8		6	3
9	1	3	5	6			4	8
	8				3	7		
	9	1		4		5		
4	6	7			1	8		
		5			9			

Puzzle #3

9x9 Sudoku

2		4						
6	8		1			7	5	4
7	9		3			2	6	
1	7	2	8				9	3
			2	9			7	
		8	7			5		2
3				8		1		6
		1		6	3	9	2	
				1		3	8	5

Puzzle #4

9x9 Sudoku

4	8				2		9	
		7				6		
5	6		8	7	3			2
	2	3			5	1	4	
	5		9	3	6		2	7
			2			3		5
					7	5	8	
	9	6			4	2	7	
			1			9		

Puzzle #5

9x9 Sudoku

7	5			3			2	
4		3	9	1	7			6
9					5	7	3	
			1	7		6	5	8
			8		6	4		7
	8							
	9					1		
3		2	4		9			
	7		3	8	1		6	9

Puzzle #6

9x9 Sudoku

	3			6	9	1	8	
		9	2					4
1	5			7		9	2	6
5			1				3	
	6		8			2	1	9
9		2			6	4	5	8
4				2	7	8		
					1	5		
	2			4				

Puzzle #7

9x9 Sudoku

		3			9	2		
7			3	4				
	1	6	8					
8		4			2		5	
2	6		7			9	1	
	3	9		5	4	8	7	2
			5	6	7			9
6				9			2	
4				8	1		3	5

Puzzle #8

9x9 Sudoku

1		5	7			6	3	
			2	1	9			
2		4				8	1	9
	3		4				8	1
		9		3			6	
	6			5	1			
7	2			4				
6	5		1	9		3	4	7
		3			8		2	

Puzzle #9

9x9 Sudoku

2		7	9					
				3	5		2	
	1				4	9	6	
9		1		2	7			5
	5	6	4	9		2		
				8			3	
	6	8	7			3		4
7	4		3				1	2
5				4	9	7		

Puzzle #10

9x9 Sudoku

	6	5		1	3	9	8	
				7			6	3
			8	6	5	1	4	
7		9	1	2				
2	8	4					1	
	1			4	9			8
		7	6		1	4		5
		2	4		7		3	1
3	4							

Puzzle #11

9x9 Sudoku

7	3	1				6	8	2
6	5		2		8	1	7	
	9				6		3	5
			9					7
				1	7	8		6
8	7				4		9	1
				6				3
4	1	5	7					
	2	6	8				1	4

Puzzle #12

9x9 Sudoku

	2	5						6
	1	8	6	5				
	3	6	8	9				7
			9		4	6	5	3
1	6		3		5			
		4		2			1	
			1		9		7	
	9				3		6	8
6	7	2					9	

Puzzle #13

9x9 Sudoku

	2	8	9			7		1
		7			1			4
9				4	8	5	2	6
					3		4	8
6		9	8		2			
	1					2	6	
3	7	5		8				
				2				7
2			5	7	4		1	3

Puzzle #14

9x9 Sudoku

	6		4		2			
8		2		5		7		
	4		9	6			1	
			6	8	4		5	7
		7	5		3	4	9	
		1				8		
	2	8		3	6			
9		6				3	2	
			8	2	9			5

Puzzle #15

9x9 Sudoku

	4	3		6		1		
				4			9	
			8				2	6
7	9	5	4		6			1
		6		1	9		4	5
	1		3	8		6		
	3				4			
4	2					5	1	
1	5			7	2	3		

Puzzle #16

9x9 Sudoku

2				1	5	6	9	
	9	7			8		2	5	
					3	7			1
	3		1		9				8
			4					6	
	4			7		3	1		
3	6				7				
4	9	2					8	7	
		8	2		6			3	5

Puzzle #17

9x9 Sudoku

		7	5					
4		5	9				3	8
8	9	6	4	3				
6			8		5		1	7
	7	9		6				
					3	2	9	
		4						
3			7	4	9	8	2	
7	5			8	1			4

Puzzle #18

9x9 Sudoku

3					7	2	1	8
8		7			1		9	
9	1	5			4			
				5			6	2
	6	8	2			3	5	
2	5	4	1					
		9	4				2	7
				8		1		
4	3		6				8	5

Puzzle #19

9x9 Sudoku

		3			7		6	
5	6			2		1		
7		4	8	6	9			
2	3	8			1			6
		6	4		5		2	
4	5	1				7	9	8
	9			4	8	6		
		5		9			4	3
	4		2	5			1	

Puzzle #20

9x9 Sudoku

4	7		8	5			6	3
1	5				9			8
2					7	5	1	
9	2	1	7	8			5	4
	6					3	9	
	4							
		3				9	2	5
	9	4	2	6		8	3	
5			9				4	

Puzzle #21

9x9 Sudoku

4	3					5	2	
	6	7				9		
1		9	3			6	8	7
	4	1				7	9	2
	9					8		
	2		8	7		3		4
3			7		2	1		6
					5			8
	1	6			3	2	7	

Puzzle #22

9x9 Sudoku

	1	5			9			
8	7				4	1		9
2	4		1		3	6		
6	8		4		5	7		
	9		3		6			2
		3		7				
		8	9				6	
9					1	4		
4		1	6	5		2		7

Puzzle #23

9x9 Sudoku

	1		3		2			8
	3	9			6			5
	2		4	1			7	
	4		9		5			
9	6	2			8		5	
1		8				3	6	
2	7		5	8			4	1
3	9	1			7			6

Puzzle #24

9x9 Sudoku

			4		7			
6	4	3			9			5
	8	2			3		9	
8	1		9	3				7
2		9	5			1	4	
			1	6	4	9		
9	5	8			1		6	
3								9
4		6	7	9	5			

Puzzle #25

9x9 Sudoku

8		4	6				3	
		7			2			
	1	3			8	2	6	
	6			3		7	4	
		2	8	6	7			5
7		9	1		5		2	
5				1				2
4			7	2		1	5	3
2	7							

Puzzle #26

9x9 Sudoku

				4		5		
8		5	9			7		2
4	7				5	9	6	
5	2							
			6				9	
	9		1	8			2	5
1	5			9	3		8	
	8				4	6		9
7		9	8	6	1	2		

Puzzle #27

9x9 Sudoku

6		8		3		9		
4	7	3		1			2	
2	9	1					3	
1				6		3	5	
			2		1			8
8				4			6	7
3	6		1	9	7			5
7	1	5			3	6		
					4			

Puzzle #28

9x9 Sudoku

		1			6		3	
5	8							6
	7		3	2	8	1		9
7		8			9		6	3
6		5		4	3			1
	1	2			5	4		7
8		4						
1		9		3				2
2			5			9	8	

Puzzle #29

9x9 Sudoku

			6			7	3	
	3		7	5		8	4	9
		4				5		
4	1		8	2				
	7	3					2	
8				4			7	
5	4						8	7
3		7		9	8	6		1
	6	8		7		2		4

Puzzle #30

9x9 Sudoku

8	9		7	5				2
	4	5	8					1
2							5	
		8		7			1	
5	2	6		1			3	9
		9		2		6	4	8
1	6	4			9	3		
3	8	2						4
		7			3			

Puzzle #31

9x9 Sudoku

8						9		4
	6				2	1	3	5
		3	4	1			7	
4		7		8			6	3
		1	2	5			9	
2					7			
6		2	7	4	5			
	2		3	9	6			7
9		5			3	8		

Puzzle #32

9x9 Sudoku

5		9	8		7			1
3		6			9	2	8	
		1	3	6		7		
6		5	2		8		4	
					5			
4	8	3				9	5	
	3		7	5		4		
			6				2	3
	6			2				8

Puzzle #33

9x9 Sudoku

			1	8	2	7	9	
7	9	4	5	6	3	8		
1				9			5	
8			9	4		1		
9	3							7
2	4	5		1			6	8
	2							
		7			6	4		
	5		8			2	7	6

Puzzle #34

9x9 Sudoku

			6	4	8			
	4					9		
7			2	3				1
9			8	5	2	4	1	
	3					2		9
	5	1					7	6
	9	7			6		8	5
1	2	3			4		9	
6	8			7		3	2	

Puzzle #35

9x9 Sudoku

5	2							
4			6		3	1		5
		7		9				
2					5	7	8	
		5	7	3			4	
				6		5	1	2
9		4					3	8
6		2		7		4		1
8	1	3		4	9		5	

Puzzle #36

9x9 Sudoku

1	8		7					
	2			9		3		
5	4	9		3	1		8	7
8		6		4				
				1	7	5	3	8
			9			2		
2	7					9	1	
3	6	5					2	4
		4			5	7		3

Puzzle #37

9x9 Sudoku

					8	4	7	5
8	9					2		
	7	1	5		2	9	8	
1	4				5	8	3	
		2				7		4
							1	
5	8	7		2				
		6		1	4	3	5	7
3	1			5	9		2	

Puzzle #38

9x9 Sudoku

		2			8	7	4	3
7						1		
	1			6				5
9	5	6		7	1	3		4
1			4		6	8	5	
	8				9		1	
		4	1				3	
6				4	3		8	
8					2	4		1

Puzzle #39

9x9 Sudoku

	4			1	8	3		
3	1	5						
8	6	2	3	7				4
						9	8	2
	7		5			4		
1		9		4	3	5		7
		8			7	6	4	
	3	1	9	2	4			
					6			3

Puzzle #40

9x9 Sudoku

	8	4	1	9		6		5
		3	6					
7				4	3		2	
		9	2	7	5	8		
	6	7						
		5		3		4		9
5	3	2	4				8	7
				8	2	5	9	
4		8		5				2

Puzzle #41

9x9 Sudoku

	6		7	1		2		
2		7	8			1		
8	1	4		3	2			
		2					7	5
	9				7		1	
3		1	4		8			
			1				2	
1	5				9	6		7
7				4	6		3	1

Puzzle #42

9x9 Sudoku

		5			8			
9	3	7			4	8		
2	8			7				3
	9	3				4		5
			2	8				7
7	2				5	3		6
3	7		6				9	
4	5	2	9	3	1		7	8
1		9						

Puzzle #43

9x9 Sudoku

7	3	5					6	9
1		9			6			
					9	3	7	
					3			4
3	9			1				
2		4	9	8			5	3
6	4	2		7		8		
9	1			5				6
8		3			4	7	1	2

Puzzle #44

9x9 Sudoku

	6						5	2
		5	4		1		9	
	1	8			3			7
		6	5	1		2		9
			9	7			3	1
	8	9	6				4	
			3					6
3	5		1	9	6	8	2	4
				2	7			3

Puzzle #45

9x9 Sudoku

	9				4	7	5	
		1	5		3		6	
	4	7	1		6	2		8
2		9					1	3
			9		7	8		
4	6		3		2	5		9
							2	
3	8	2			1		9	
7						1		

Puzzle #46

9x9 Sudoku

4				7		8		
		7	8	9	2			
		9			4			7
		8	7	3		1		2
5				4	6			3
	3		9		8		5	6
7	1	2		8		3		
8	6	5			7		9	
9			6	5		2		

Puzzle #47

9x9 Sudoku

	7			2			3	
	3	6	7			9		4
	5	1		4		2		8
8		3	1		4			5
				6	2	1		3
				7		4	2	
3				5	6			
6	4	7	8					2
		9			7			1

Puzzle #48

9x9 Sudoku

7					5			
4	2			8	7			5
				3	2	7	6	9
	6		3	7	8		2	
9				2	1	4		
3							7	
	8	7		1		5		
				9	6		1	
1	3		7		4			6

Puzzle #49

9x9 Sudoku

6			4		5	3	7	
4	8			2	7	5	6	1
		7	8		3		9	
	4							
5		6			2		8	
			5	3		2	1	
		9		4	1	8		3
						6		7
	2			7	8		4	

Puzzle #50

9x9 Sudoku

	4		9			3		
	8	6	7				1	9
		5	1		6			
4				2		5		9
8	9	3			4		1	
			3	9	1			8
	1		5			2	4	
	7	4	2	6	3			
2			4		8			7

Puzzle #51

9x9 Sudoku

4			8			7	2	
		6			1			
3	9	8	2					
9		1			3		8	
	4				6	9		3
8		3		9	4		6	7
		4		7		6	5	8
		2				3	9	
6				4	5			

Puzzle #52

9x9 Sudoku

6			1		5	8		7
		2		6	8	5		1
8				4		3		
	1	3		7		6	8	
				5	1	2	3	9
2				9	3	1		
				8				
5		9					1	
	3		7					2

Puzzle #53

9x9 Sudoku

5					1		6	4
4	6			2	3	1		
	9		4	8	6			
		4			5			
2	5			1			8	3
				3	4	2		9
1	7			4			2	
	8	3	7	5	2	9		1
		2				7	3	

Puzzle #54

9x9 Sudoku

	6		8	3	7	4		
		8	4	2	5	1	6	
				6		8	5	
		3						9
	4		6					8
6		9	2			5		
	1			9	6		4	
4	9			8				6
	3	6	5	7		9		

Puzzle #55

9x9 Sudoku

		6	1		3	5		
		9	7			4	6	
			9		4			1
5		4		1		6		2
	1	3			7			4
		8	5		9		1	3
3	9	2			5			
6				3	1	9		5
							2	7

Puzzle #56

9x9 Sudoku

9		4	5	2			6	
	2			1				
		1			7	4	5	
3	6	7	1			2		
	4	8			6			
		2	4	3	8	5		
2	8	9	6		1			
7	5						4	
4		3			9			

Puzzle #57

9x9 Sudoku

	3	8			6	1	5	2
2	9			1				8
6	1	7	2		8		9	
	4		1	6				
	8	6			7	2		9
	7				2	4		
9								
8			9		3	7	2	
	5		8	2			6	

Puzzle #58

9x9 Sudoku

3	2	4	7		1	5	8	
8			6	5				9
	5	6			8	7		1
2	9	8					1	4
	3		1	8	9			
				4		8		
5	8					6		3
	7		3	2				
			8		6			

Puzzle #59

9x9 Sudoku

1		8					7	3
2			7		8	4		9
	7	9	2		3	6		
					9	5		
9	4			2			6	1
3		1	8	6				7
8	6					3		4
7	9	3		8			5	
		4	9					

Puzzle #60

9x9 Sudoku

		5	3					8
		2		5			1	9
8	1			7				3
		7	1	8	5		3	
4	6		9				8	
5			4	3		2	9	7
2			8		1			
	9	6						
3	7		5				4	

Puzzle #61

9x9 Sudoku

			1		9	6		8
			6	2		5	3	
8								2
1	9		4					
6	8			3	1			9
		4			2			6
	7	6	2	8		3		
3	1	5	9	6	7	8	2	4
4	2				3			

Puzzle #62

9x9 Sudoku

	7	9	2			4		
5	1		6	7		3		
3		2		8	5		6	7
1	2	5	7				3	
			1		2			5
		7		6			8	
	8	4	3	5		9	1	
	3				7			
2			4				7	

Puzzle #63

9x9 Sudoku

	5	1		9	8	7		2
							5	
	6			2	1	8		4
				1		9		
2		8		4		3		
9	3			8	6	2	4	
					3			7
5		3			4		2	8
4			2	6				

Puzzle #64

9x9 Sudoku

2			3	5				7
	9	8	4	1		6		
6	7		9	8			5	4
		1	7					5
4		7			1		6	2
3	6				9			
		2			3	5	1	
			8					
7	3			9		2	4	

Puzzle #65

9x9 Sudoku

		3	8		6			
		9				3		
8	4		1		9	5	6	
	2		4	1	5			
9						8		
5	3	7			8			4
	8		5			9	4	
2	9	5	3	4			7	
			9	8	2		3	

Puzzle #66

9x9 Sudoku

9	8				1	3		5
	2	7		3	5			1
1	5	3				2		
4				1	2	5	9	
		5	7					
				5		6		
				9	7	1		2
	7	2					4	8
8	1					7	3	6

Puzzle #67

9x9 Sudoku

	4				5	7	1	
2		8		9			5	
5				2				
	8					4	6	9
		5	3		1		2	
6		7			9	1		
1		9	2	4				3
			5	7	3		9	
	3	2			6			4

Puzzle #68

9x9 Sudoku

		6		4	3	8		
	1		6			3	5	
		7	1	8			4	
	7	3		6		1	9	
8	4	5			1			
	6				5			
		1		5		2	8	4
3	5			2	9		6	
			7					9

Puzzle #69
9x9 Sudoku

8	6	9	2				5	1
	4	3		1				2
	2				5	6	4	9
	8		5	2		9		
	5	1	7		3			8
7		2		8	9		1	6
4								
		5			2		9	7
2				5		1		

Puzzle #70

9x9 Sudoku

		3						2
8			5	6				7
2				3	1		5	8
		7			6		9	1
	2		8	5				4
5		9						6
	7	8		1				
6	4	2	9			7		
	1			7		6	8	3

Puzzle #71

9x9 Sudoku

	5	6	9	4	8			
			6				7	
8	3				1			4
		3			6	2	8	
	4			2		3	1	
		8	1			9		5
6			3		9		2	1
1	8		2			7		3
	2			1	7			

Puzzle #72

9x9 Sudoku

5			4	3			6	
		6	1		8		5	4
2					6	8		
	3		2			1	4	
						5		3
			7	4			8	9
		7	9					
9	5	8			4			
4		2		8	7	9	3	5

Puzzle #73

9x9 Sudoku

			5			3		8
5	8		4		2			
				9	6		7	
3	6	2						5
		5	2	8	7	1		
	1					4		2
			9				3	6
1	5		3	2	8			
	2	3	7		4	8		

Puzzle #74

9x9 Sudoku

1				7	9	3		
	2		4			5	1	
		4		2		6		
	7		3					1
				6		9	2	5
5	6		9	4		8		
2			8		6			4
4		6		9	5	7	3	
3		8					5	

Puzzle #75

9x9 Sudoku

4		6	8		3	9		7
	3					4		6
	7	5	6		4	2		
			2					3
			4		5		6	2
	2			3		1		8
	9		5	7	1	8		
2								9
	4	8		6	2		1	

Puzzle #76
9x9 Sudoku

	2							3
		9					7	6
7	8	3	9					
1	5			2			9	
			5	9		7	3	2
9			8		7			5
			6		3		8	7
3		4	2	8		5		
		6	7	4	5	3	2	

Puzzle #77

9x9 Sudoku

1		8	6	9				7
	2		5	1				
4		5	3				8	
5	8		4		1	7	3	
2		1				4		
7			9	5			2	8
	5	2		4				9
		4		6			1	
9	1				5	8		

Puzzle #78

9x9 Sudoku

		8						1
	1	3	2				4	5
				3			7	9
5				8	1	6		3
					2	4	8	7
	8	7			9		1	
6			9	5			2	
	2	9			7	1		
7		4		2		9		6

Puzzle #79

9x9 Sudoku

4	8	5			6	9		
1	6	7		9	4		3	2
		2	7		5			8
			5					
5			6	8				
9	3		4			6		7
	5		1		2			
6	2			4	8	7		
	1				7		9	

Puzzle #80

9x9 Sudoku

	8			3	5			
6						8		5
		9			1	7	2	
		8		5			4	7
5			4	8				9
	9				7			3
2		1		9		3		
	4		5	2		1	6	8
8	3	5					7	

Puzzle #81

9x9 Sudoku

	1			6				5
5	8	4	9				2	1
			5		1	8	4	
	6		1		5			8
7		3		8	4		9	
8			3	7				
		8	2		3	5	6	
1		6				2		
				4			1	9

Puzzle #82

9x9 Sudoku

8	2				5		1	
	6			9	4			
				1	8			
	4	1	5			8		
	9					3	2	7
7		8		2	6	1	5	
				7			3	1
6		9	8	5	3	7		
		2		4	9		8	5

Puzzle #83

9x9 Sudoku

4	3						5	
				5		9	3	
	7	5	6	9			8	
	1	2	3			7	6	
				2	7	1	9	
7					5			2
5	8		9			3		
3	4	6	2	7		5	1	
9	2				4			

Puzzle #84

9x9 Sudoku

		5	3			4		2
			8	5		7		
	3			4				8
	9	4	6		5		3	7
		6		1		9	8	5
		1		9				
	6		2	8		3		1
7	2		9	3		5		4
	4			6	7			

Puzzle #85

9x9 Sudoku

3	8	1	5			7		
	4				9	8		6
	2	6	8	7				4
1			7	9		2	6	
								7
		4	1	2		5		
6				1	7	4	8	3
		9	4	5		6		
4					2	9		

Puzzle #86

9x9 Sudoku

			1		8			
				3	7			6
8	4		5		9	3		
			8					7
5	1	9			6			8
			3	9		5	4	
	8						7	3
2	9		7	1			5	
	3	4	6				2	9

Puzzle #87

9x9 Sudoku

						6		
6			8		3		7	4
	7	9						8
3		7	4		9	5		
	4	6			5	7		3
2		5	3	7			6	9
	2			5	8	1		
	6			3	2			
1						3	2	

Puzzle #88

9x9 Sudoku

		4		7				9
	9	6	4		2	1		
	7		9	1		2		
				6		3		4
	8				1	7		
		7	2				1	
			6		4	5	7	3
2		5	7			9		
7	6		1	5		4	8	

Puzzle #89

9x9 Sudoku

	5	3				4	7	
7			1	4			6	2
	4	6	7	3				
		1		6			2	
					4		3	
6			2				1	8
9					2	6	4	5
	6		9	7			8	
	3		4			1	9	

Puzzle #90

9x9 Sudoku

	5						6	4
	6			4	7	5	8	2
2	3		6		8	7	9	1
							5	7
		2	1	9	3		4	
	4		7		5	2		
	8				6		2	
1			4				3	6
		6			1			9

Puzzle #91

9x9 Sudoku

4			7	1		2		
		9	3			8	4	6
			6			7	9	1
		1		7	2	6	8	
9							1	
	7	5				3		4
		2	9	5		4		
	9	4		6	3			
	6	7			4			

Puzzle #92

9x9 Sudoku

7	3				8	4		
					2			7	8
			3	6		2	5	
	2		8	7		1		
8		7			1		2	
6	1			5		7	8	
5		9	1		4			7
		4	7					6
3			6		5	9		

Puzzle #93

9x9 Sudoku

		6	5		8			
				1		7		8
8	1				2			
5	9				1	4		7
1				3	4		5	2
	4	7	9		5		3	
3				2			4	5
6			8	4		2		1
			1		7		9	3

Puzzle #94

9x9 Sudoku

			2	5		7		
2	4		1					
5	9		6		3			
4		6				2		8
	1	9	7	2				4
7	3	2	8		4		1	
			5	1			6	7
		5	3		8	4		
3							5	9

Puzzle #95

9x9 Sudoku

		7		3	5			
9		5		7			8	6
3		8	6		9		7	
			7			5		
4		6		1	8			
			4				9	
2	6		9			1		
1				2	4			7
	7				6		3	2

Puzzle #96

9x9 Sudoku

1			7	3				9
	5		8		1	3	2	
			5	9			6	1
2	4				5		8	
	6	1	4		8			
8			6			4		7
	9	2				6		3
3					6		9	
6			9			2	7	5

Puzzle #97

9x9 Sudoku

	1	5						
4				9	6			5
9	3	2	1			8	4	
7	6				9	4		
		1	7			2		8
	9	4	8	1	5			3
				3		7		
	2		9	7	8	1	3	
1	7		6					9

Puzzle #98

9x9 Sudoku

9					3	6		4
	7		2	9			8	
4	5	3		1	8			
		9	8	5				
5	4				6	8		1
	1		9	4		3	5	
	6		3				4	
					5	7		8
1			4		7		3	2

Puzzle #99

9x9 Sudoku

4			6			2	7	3
	2	9	1				8	
3	7		4	2	8	9	5	
			8		2			
1	3		5	9		6	2	
2	9			6				7
	6	4	2				1	
8					6		9	
7		3					6	

Puzzle #100

9x9 Sudoku

	9		1		8	3		2
			5	4			9	
	7	5			3	4	8	
						1		4
5						7	3	
1		7			6		2	
6	8		2		5		7	3
			3					
7		3		9	4	8	1	5

Puzzle #1

6	5	1	3	9	8	7	4	2
9	3	7	2	4	6	1	8	5
8	2	4	1	7	5	9	3	6
3	1	6	8	2	7	5	9	4
2	4	8	5	6	9	3	7	1
7	9	5	4	1	3	2	6	8
4	6	2	9	3	1	8	5	7
1	8	9	7	5	4	6	2	3
5	7	3	6	8	2	4	1	9

Puzzle #2

3	7	9	6	1	2	4	8	5
5	2	8	7	3	4	1	9	6
1	4	6	9	8	5	3	2	7
7	5	4	1	2	8	9	6	3
9	1	3	5	6	7	2	4	8
6	8	2	4	9	3	7	5	1
8	9	1	3	4	6	5	7	2
4	6	7	2	5	1	8	3	9
2	3	5	8	7	9	6	1	4

Puzzle #3

2	1	4	6	7	5	8	3	9
6	8	3	1	2	9	7	5	4
7	9	5	3	4	8	2	6	1
1	7	2	8	5	4	6	9	3
5	3	6	2	9	1	4	7	8
9	4	8	7	3	6	5	1	2
3	2	9	5	8	7	1	4	6
8	5	1	4	6	3	9	2	7
4	6	7	9	1	2	3	8	5

Puzzle #4

4	8	1	5	6	2	7	9	3
2	3	7	4	1	9	6	5	8
5	6	9	8	7	3	4	1	2
6	2	3	7	8	5	1	4	9
1	5	4	9	3	6	8	2	7
9	7	8	2	4	1	3	6	5
3	1	2	6	9	7	5	8	4
8	9	6	3	5	4	2	7	1
7	4	5	1	2	8	9	3	6

Puzzle #5

7	5	1	6	3	8	9	2	4
4	2	3	9	1	7	5	8	6
9	6	8	2	4	5	7	3	1
2	4	9	1	7	3	6	5	8
1	3	5	8	2	6	4	9	7
6	8	7	5	9	4	3	1	2
8	9	6	7	5	2	1	4	3
3	1	2	4	6	9	8	7	5
5	7	4	3	8	1	2	6	9

Puzzle #6

2	3	7	4	6	9	1	8	5
6	8	9	2	1	5	3	7	4
1	5	4	3	7	8	9	2	6
5	4	8	1	9	2	6	3	7
7	6	3	8	5	4	2	1	9
9	1	2	7	3	6	4	5	8
4	9	1	5	2	7	8	6	3
3	7	6	9	8	1	5	4	2
8	2	5	6	4	3	7	9	1

Puzzle #7

5	4	3	1	7	9	2	6	8
7	8	2	3	4	6	5	9	1
9	1	6	8	2	5	7	4	3
8	7	4	9	1	2	3	5	6
2	6	5	7	3	8	9	1	4
1	3	9	6	5	4	8	7	2
3	2	1	5	6	7	4	8	9
6	5	8	4	9	3	1	2	7
4	9	7	2	8	1	6	3	5

Puzzle #8

1	9	5	7	8	4	6	3	2
3	8	6	2	1	9	7	5	4
2	7	4	3	6	5	8	1	9
5	3	7	4	2	6	9	8	1
4	1	9	8	3	7	2	6	5
8	6	2	9	5	1	4	7	3
7	2	1	6	4	3	5	9	8
6	5	8	1	9	2	3	4	7
9	4	3	5	7	8	1	2	6

Puzzle #9

2	8	7	9	1	6	4	5	3
6	9	4	8	3	5	1	2	7
3	1	5	2	7	4	9	6	8
9	3	1	6	2	7	8	4	5
8	5	6	4	9	3	2	7	1
4	7	2	5	8	1	6	3	9
1	6	8	7	5	2	3	9	4
7	4	9	3	6	8	5	1	2
5	2	3	1	4	9	7	8	6

Puzzle #10

4	6	5	2	1	3	9	8	7
1	2	8	9	7	4	5	6	3
9	7	3	8	6	5	1	4	2
7	3	9	1	2	8	6	5	4
2	8	4	7	5	6	3	1	9
5	1	6	3	4	9	2	7	8
8	9	7	6	3	1	4	2	5
6	5	2	4	9	7	8	3	1
3	4	1	5	8	2	7	9	6

Puzzle #11

7	3	1	5	4	9	6	8	2
6	5	4	2	3	8	1	7	9
2	9	8	1	7	6	4	3	5
1	6	3	9	8	2	5	4	7
5	4	9	3	1	7	8	2	6
8	7	2	6	5	4	3	9	1
9	8	7	4	6	1	2	5	3
4	1	5	7	2	3	9	6	8
3	2	6	8	9	5	7	1	4

Puzzle #12

9	2	5	4	3	7	1	8	6
7	1	8	6	5	2	9	3	4
4	3	6	8	9	1	5	2	7
2	8	7	9	1	4	6	5	3
1	6	9	3	8	5	7	4	2
3	5	4	7	2	6	8	1	9
8	4	3	1	6	9	2	7	5
5	9	1	2	7	3	4	6	8
6	7	2	5	4	8	3	9	1

Puzzle #13

4	2	8	9	6	5	7	3	1
5	6	7	2	3	1	9	8	4
9	3	1	7	4	8	5	2	6
7	5	2	6	9	3	1	4	8
6	4	9	8	1	2	3	7	5
8	1	3	4	5	7	2	6	9
3	7	5	1	8	6	4	9	2
1	8	4	3	2	9	6	5	7
2	9	6	5	7	4	8	1	3

Puzzle #14

1	6	3	4	7	2	5	8	9
8	9	2	3	5	1	7	6	4
7	4	5	9	6	8	2	1	3
2	3	9	6	8	4	1	5	7
6	8	7	5	1	3	4	9	2
4	5	1	2	9	7	8	3	6
5	2	8	7	3	6	9	4	1
9	7	6	1	4	5	3	2	8
3	1	4	8	2	9	6	7	5

Puzzle #15

9	4	3	2	6	7	1	5	8
8	6	2	5	4	1	7	9	3
5	7	1	8	9	3	4	2	6
7	9	5	4	2	6	8	3	1
3	8	6	7	1	9	2	4	5
2	1	4	3	8	5	6	7	9
6	3	7	1	5	4	9	8	2
4	2	9	6	3	8	5	1	7
1	5	8	9	7	2	3	6	4

Puzzle #16

2	8	3	7	1	5	6	9	4
9	7	1	6	8	4	2	5	3
6	5	4	9	2	3	7	8	1
5	3	7	1	6	9	4	2	8
1	2	9	4	3	8	5	6	7
8	4	6	5	7	2	3	1	9
3	6	5	8	9	7	1	4	2
4	9	2	3	5	1	8	7	6
7	1	8	2	4	6	9	3	5

Puzzle #17

2	3	7	5	1	8	6	4	9
4	1	5	9	2	6	7	3	8
8	9	6	4	3	7	1	5	2
6	2	3	8	9	5	4	1	7
1	7	9	2	6	4	5	8	3
5	4	8	1	7	3	2	9	6
9	8	4	6	5	2	3	7	1
3	6	1	7	4	9	8	2	5
7	5	2	3	8	1	9	6	4

Puzzle #18

3	4	6	5	9	7	2	1	8
8	2	7	3	6	1	5	9	4
9	1	5	8	2	4	7	3	6
1	9	3	7	5	8	4	6	2
7	6	8	2	4	9	3	5	1
2	5	4	1	3	6	8	7	9
5	8	9	4	1	3	6	2	7
6	7	2	9	8	5	1	4	3
4	3	1	6	7	2	9	8	5

Puzzle #19

8	2	3	5	1	7	9	6	4
5	6	9	3	2	4	1	8	7
7	1	4	8	6	9	5	3	2
2	3	8	9	7	1	4	5	6
9	7	6	4	8	5	3	2	1
4	5	1	6	3	2	7	9	8
3	9	2	1	4	8	6	7	5
1	8	5	7	9	6	2	4	3
6	4	7	2	5	3	8	1	9

Puzzle #20

4	7	9	8	5	1	2	6	3
1	5	6	3	2	9	4	7	8
2	3	8	6	4	7	5	1	9
9	2	1	7	8	3	6	5	4
8	6	5	4	1	2	3	9	7
3	4	7	5	9	6	1	8	2
6	8	3	1	7	4	9	2	5
7	9	4	2	6	5	8	3	1
5	1	2	9	3	8	7	4	6

Puzzle #21

4	3	8	9	6	7	5	2	1
2	6	7	1	5	8	9	4	3
1	5	9	3	2	4	6	8	7
8	4	1	5	3	6	7	9	2
7	9	3	2	4	1	8	6	5
6	2	5	8	7	9	3	1	4
3	8	4	7	9	2	1	5	6
9	7	2	6	1	5	4	3	8
5	1	6	4	8	3	2	7	9

Puzzle #22

3	1	5	7	6	9	8	2	4
8	7	6	5	2	4	1	3	9
2	4	9	1	8	3	6	7	5
6	8	2	4	9	5	7	1	3
7	9	4	3	1	6	5	8	2
1	5	3	8	7	2	9	4	6
5	2	8	9	4	7	3	6	1
9	6	7	2	3	1	4	5	8
4	3	1	6	5	8	2	9	7

Puzzle #23

6	1	7	3	5	2	4	9	8
4	3	9	8	7	6	1	2	5
8	2	5	4	1	9	6	7	3
7	4	3	9	6	5	8	1	2
9	6	2	1	3	8	7	5	4
1	5	8	7	2	4	3	6	9
2	7	6	5	8	3	9	4	1
3	9	1	2	4	7	5	8	6
5	8	4	6	9	1	2	3	7

Puzzle #24

1	9	5	4	8	7	2	3	6
6	4	3	2	1	9	8	7	5
7	8	2	6	5	3	4	9	1
8	1	4	9	3	2	6	5	7
2	6	9	5	7	8	1	4	3
5	3	7	1	6	4	9	8	2
9	5	8	3	2	1	7	6	4
3	7	1	8	4	6	5	2	9
4	2	6	7	9	5	3	1	8

Puzzle #25

8	2	4	6	7	1	5	3	9
6	5	7	3	9	2	4	8	1
9	1	3	4	5	8	2	6	7
1	6	5	2	3	9	7	4	8
3	4	2	8	6	7	9	1	5
7	8	9	1	4	5	3	2	6
5	3	6	9	1	4	8	7	2
4	9	8	7	2	6	1	5	3
2	7	1	5	8	3	6	9	4

Puzzle #26

9	6	2	7	4	8	5	3	1
8	3	5	9	1	6	7	4	2
4	7	1	3	2	5	9	6	8
5	2	8	4	3	9	1	7	6
3	1	7	6	5	2	8	9	4
6	9	4	1	8	7	3	2	5
1	5	6	2	9	3	4	8	7
2	8	3	5	7	4	6	1	9
7	4	9	8	6	1	2	5	3

Puzzle #27

6	5	8	4	3	2	9	7	1
4	7	3	5	1	9	8	2	6
2	9	1	7	8	6	5	3	4
1	4	7	9	6	8	3	5	2
5	3	6	2	7	1	4	9	8
8	2	9	3	4	5	1	6	7
3	6	4	1	9	7	2	8	5
7	1	5	8	2	3	6	4	9
9	8	2	6	5	4	7	1	3

Puzzle #28

9	2	1	4	5	6	7	3	8
5	8	3	1	9	7	2	4	6
4	7	6	3	2	8	1	5	9
7	4	8	2	1	9	5	6	3
6	9	5	7	4	3	8	2	1
3	1	2	6	8	5	4	9	7
8	6	4	9	7	2	3	1	5
1	5	9	8	3	4	6	7	2
2	3	7	5	6	1	9	8	4

Puzzle #29

9	5	1	6	8	4	7	3	2
2	3	6	7	5	1	8	4	9
7	8	4	2	3	9	5	1	6
4	1	5	8	2	7	9	6	3
6	7	3	9	1	5	4	2	8
8	9	2	3	4	6	1	7	5
5	4	9	1	6	2	3	8	7
3	2	7	4	9	8	6	5	1
1	6	8	5	7	3	2	9	4

Puzzle #30

8	9	3	7	5	1	4	6	2
6	4	5	8	3	2	9	7	1
2	7	1	6	9	4	8	5	3
4	3	8	9	7	6	2	1	5
5	2	6	4	1	8	7	3	9
7	1	9	3	2	5	6	4	8
1	6	4	5	8	9	3	2	7
3	8	2	1	6	7	5	9	4
9	5	7	2	4	3	1	8	6

Puzzle #31

3	8	1	6	5	7	9	2	4
4	7	6	9	8	2	1	3	5
2	5	9	3	4	1	8	7	6
1	4	5	7	9	8	2	6	3
6	3	7	1	2	5	4	9	8
9	2	8	4	6	3	7	5	1
8	6	3	2	7	4	5	1	9
5	1	2	8	3	9	6	4	7
7	9	4	5	1	6	3	8	2

Puzzle #32

5	2	9	8	4	7	6	3	1
3	7	6	5	1	9	2	8	4
8	4	1	3	6	2	7	9	5
6	1	5	2	9	8	3	4	7
7	9	2	4	3	5	8	1	6
4	8	3	1	7	6	9	5	2
2	3	8	7	5	1	4	6	9
9	5	7	6	8	4	1	2	3
1	6	4	9	2	3	5	7	8

Puzzle #33

5	6	3	1	8	2	7	9	4
7	9	4	5	6	3	8	2	1
1	8	2	7	9	4	6	5	3
8	7	6	9	4	5	1	3	2
9	3	1	6	2	8	5	4	7
2	4	5	3	1	7	9	6	8
6	2	8	4	7	9	3	1	5
3	1	7	2	5	6	4	8	9
4	5	9	8	3	1	2	7	6

Puzzle #34

5	1	9	6	4	8	7	3	2
3	4	2	7	1	5	9	6	8
7	6	8	2	3	9	5	4	1
9	7	6	8	5	2	4	1	3
8	3	4	1	6	7	2	5	9
2	5	1	4	9	3	8	7	6
4	9	7	3	2	6	1	8	5
1	2	3	5	8	4	6	9	7
6	8	5	9	7	1	3	2	4

Puzzle #35

5	2	1	4	8	7	3	6	9
4	9	8	6	2	3	1	7	5
3	6	7	5	9	1	8	2	4
2	4	6	9	1	5	7	8	3
1	8	5	7	3	2	9	4	6
7	3	9	8	6	4	5	1	2
9	7	4	1	5	6	2	3	8
6	5	2	3	7	8	4	9	1
8	1	3	2	4	9	6	5	7

Puzzle #36

1	8	3	7	5	6	4	9	2
6	2	7	4	9	8	3	5	1
5	4	9	2	3	1	6	8	7
8	3	6	5	4	2	1	7	9
4	9	2	6	1	7	5	3	8
7	5	1	9	8	3	2	4	6
2	7	8	3	6	4	9	1	5
3	6	5	1	7	9	8	2	4
9	1	4	8	2	5	7	6	3

Puzzle #37

2	6	3	1	9	8	4	7	5
8	9	5	4	3	7	2	6	1
4	7	1	5	6	2	9	8	3
1	4	9	2	7	5	8	3	6
6	5	2	3	8	1	7	9	4
7	3	8	9	4	6	5	1	2
5	8	7	6	2	3	1	4	9
9	2	6	8	1	4	3	5	7
3	1	4	7	5	9	6	2	8

Puzzle #38

5	6	2	9	1	8	7	4	3
7	4	9	3	2	5	1	6	8
3	1	8	7	6	4	2	9	5
9	5	6	8	7	1	3	2	4
1	2	7	4	3	6	8	5	9
4	8	3	2	5	9	6	1	7
2	9	4	1	8	7	5	3	6
6	7	1	5	4	3	9	8	2
8	3	5	6	9	2	4	7	1

Puzzle #39

9	4	7	6	1	8	3	2	5
3	1	5	4	9	2	8	7	6
8	6	2	3	7	5	1	9	4
4	5	3	7	6	1	9	8	2
2	7	6	5	8	9	4	3	1
1	8	9	2	4	3	5	6	7
5	2	8	1	3	7	6	4	9
6	3	1	9	2	4	7	5	8
7	9	4	8	5	6	2	1	3

Puzzle #40

2	8	4	1	9	7	6	3	5
9	5	3	6	2	8	7	4	1
7	1	6	5	4	3	9	2	8
3	4	9	2	7	5	8	1	6
8	6	7	9	1	4	2	5	3
1	2	5	8	3	6	4	7	9
5	3	2	4	6	9	1	8	7
6	7	1	3	8	2	5	9	4
4	9	8	7	5	1	3	6	2

Puzzle #41

9	6	5	7	1	4	2	8	3
2	3	7	8	6	5	1	9	4
8	1	4	9	3	2	7	5	6
4	8	2	6	9	1	3	7	5
5	9	6	3	2	7	4	1	8
3	7	1	4	5	8	9	6	2
6	4	8	1	7	3	5	2	9
1	5	3	2	8	9	6	4	7
7	2	9	5	4	6	8	3	1

Puzzle #42

6	1	5	3	2	8	7	4	9
9	3	7	1	6	4	8	5	2
2	8	4	5	7	9	1	6	3
8	9	3	7	1	6	4	2	5
5	4	6	2	8	3	9	1	7
7	2	1	4	9	5	3	8	6
3	7	8	6	4	2	5	9	1
4	5	2	9	3	1	6	7	8
1	6	9	8	5	7	2	3	4

Puzzle #43

7	3	5	1	4	8	2	6	9
1	2	9	7	3	6	5	4	8
4	8	6	5	2	9	3	7	1
5	7	1	2	6	3	9	8	4
3	9	8	4	1	5	6	2	7
2	6	4	9	8	7	1	5	3
6	4	2	3	7	1	8	9	5
9	1	7	8	5	2	4	3	6
8	5	3	6	9	4	7	1	2

Puzzle #44

4	6	3	7	8	9	1	5	2
2	7	5	4	6	1	3	9	8
9	1	8	2	5	3	4	6	7
7	3	6	5	1	4	2	8	9
5	4	2	9	7	8	6	3	1
1	8	9	6	3	2	7	4	5
8	2	1	3	4	5	9	7	6
3	5	7	1	9	6	8	2	4
6	9	4	8	2	7	5	1	3

Puzzle #45

6	9	3	8	2	4	7	5	1
8	2	1	5	7	3	9	6	4
5	4	7	1	9	6	2	3	8
2	7	9	4	8	5	6	1	3
1	3	5	9	6	7	8	4	2
4	6	8	3	1	2	5	7	9
9	1	6	7	4	8	3	2	5
3	8	2	6	5	1	4	9	7
7	5	4	2	3	9	1	8	6

Puzzle #46

4	2	6	5	7	3	8	1	9
1	5	7	8	9	2	6	3	4
3	8	9	1	6	4	5	2	7
6	9	8	7	3	5	1	4	2
5	7	1	2	4	6	9	8	3
2	3	4	9	1	8	7	5	6
7	1	2	4	8	9	3	6	5
8	6	5	3	2	7	4	9	1
9	4	3	6	5	1	2	7	8

Puzzle #47

4	7	8	9	2	1	5	3	6
2	3	6	7	8	5	9	1	4
9	5	1	6	4	3	2	7	8
8	2	3	1	9	4	7	6	5
7	9	4	5	6	2	1	8	3
1	6	5	3	7	8	4	2	9
3	1	2	4	5	6	8	9	7
6	4	7	8	1	9	3	5	2
5	8	9	2	3	7	6	4	1

Puzzle #48

7	9	3	1	6	5	8	4	2
4	2	6	9	8	7	1	3	5
8	5	1	4	3	2	7	6	9
5	6	4	3	7	8	9	2	1
9	7	8	6	2	1	4	5	3
3	1	2	5	4	9	6	7	8
6	8	7	2	1	3	5	9	4
2	4	5	8	9	6	3	1	7
1	3	9	7	5	4	2	8	6

Puzzle #49

6	9	2	4	1	5	3	7	8
4	8	3	9	2	7	5	6	1
1	5	7	8	6	3	4	9	2
2	4	1	7	8	6	9	3	5
5	3	6	1	9	2	7	8	4
9	7	8	5	3	4	2	1	6
7	6	9	2	4	1	8	5	3
8	1	4	3	5	9	6	2	7
3	2	5	6	7	8	1	4	9

Puzzle #50

1	4	7	9	8	5	3	2	6
3	8	6	7	4	2	1	9	5
9	2	5	1	3	6	8	7	4
4	6	1	8	2	7	5	3	9
8	9	3	6	5	4	7	1	2
7	5	2	3	9	1	4	6	8
6	1	8	5	7	9	2	4	3
5	7	4	2	6	3	9	8	1
2	3	9	4	1	8	6	5	7

Puzzle #51

4	1	5	8	3	9	7	2	6
7	2	6	4	5	1	8	3	9
3	9	8	2	6	7	5	4	1
9	6	1	7	2	3	4	8	5
2	4	7	5	8	6	9	1	3
8	5	3	1	9	4	2	6	7
1	3	4	9	7	2	6	5	8
5	7	2	6	1	8	3	9	4
6	8	9	3	4	5	1	7	2

Puzzle #52

6	9	4	1	3	5	8	2	7
3	7	2	9	6	8	5	4	1
8	5	1	2	4	7	3	9	6
9	1	3	4	7	2	6	8	5
7	4	6	8	5	1	2	3	9
2	8	5	6	9	3	1	7	4
1	2	7	5	8	9	4	6	3
5	6	9	3	2	4	7	1	8
4	3	8	7	1	6	9	5	2

Puzzle #53

5	2	8	9	7	1	3	6	4
4	6	7	5	2	3	1	9	8
3	9	1	4	8	6	5	7	2
8	3	4	2	9	5	6	1	7
2	5	9	6	1	7	4	8	3
7	1	6	8	3	4	2	5	9
1	7	5	3	4	9	8	2	6
6	8	3	7	5	2	9	4	1
9	4	2	1	6	8	7	3	5

Puzzle #54

5	6	1	8	3	7	4	9	2
9	7	8	4	2	5	1	6	3
3	2	4	9	6	1	8	5	7
1	5	3	7	4	8	6	2	9
7	4	2	6	5	9	3	1	8
6	8	9	2	1	3	5	7	4
8	1	7	3	9	6	2	4	5
4	9	5	1	8	2	7	3	6
2	3	6	5	7	4	9	8	1

Puzzle #55

4	2	6	1	8	3	5	7	9
1	3	9	7	5	2	4	6	8
7	8	5	9	6	4	2	3	1
5	7	4	3	1	8	6	9	2
9	1	3	6	2	7	8	5	4
2	6	8	5	4	9	7	1	3
3	9	2	8	7	5	1	4	6
6	4	7	2	3	1	9	8	5
8	5	1	4	9	6	3	2	7

Puzzle #56

9	7	4	5	2	3	8	6	1
6	2	5	8	1	4	3	9	7
8	3	1	9	6	7	4	5	2
3	6	7	1	9	5	2	8	4
5	4	8	2	7	6	9	1	3
1	9	2	4	3	8	5	7	6
2	8	9	6	4	1	7	3	5
7	5	6	3	8	2	1	4	9
4	1	3	7	5	9	6	2	8

Puzzle #57

4	3	8	7	9	6	1	5	2
2	9	5	3	1	4	6	7	8
6	1	7	2	5	8	3	9	4
3	4	2	1	6	9	5	8	7
5	8	6	4	3	7	2	1	9
1	7	9	5	8	2	4	3	6
9	2	3	6	7	5	8	4	1
8	6	1	9	4	3	7	2	5
7	5	4	8	2	1	9	6	3

Puzzle #58

3	2	4	7	9	1	5	8	6
8	1	7	6	5	2	4	3	9
9	5	6	4	3	8	7	2	1
2	9	8	5	6	7	3	1	4
4	3	5	1	8	9	2	6	7
7	6	1	2	4	3	8	9	5
5	8	2	9	1	4	6	7	3
6	7	9	3	2	5	1	4	8
1	4	3	8	7	6	9	5	2

Puzzle #59

1	5	8	6	9	4	2	7	3
2	3	6	7	5	8	4	1	9
4	7	9	2	1	3	6	8	5
6	8	7	1	4	9	5	3	2
9	4	5	3	2	7	8	6	1
3	2	1	8	6	5	9	4	7
8	6	2	5	7	1	3	9	4
7	9	3	4	8	2	1	5	6
5	1	4	9	3	6	7	2	8

Puzzle #60

6	4	5	3	1	9	7	2	8
7	3	2	6	5	8	4	1	9
8	1	9	2	7	4	5	6	3
9	2	7	1	8	5	6	3	4
4	6	3	9	2	7	1	8	5
5	8	1	4	3	6	2	9	7
2	5	4	8	9	1	3	7	6
1	9	6	7	4	3	8	5	2
3	7	8	5	6	2	9	4	1

Puzzle #61

2	5	3	1	7	9	6	4	8
7	4	9	6	2	8	5	3	1
8	6	1	3	4	5	7	9	2
1	9	7	4	5	6	2	8	3
6	8	2	7	3	1	4	5	9
5	3	4	8	9	2	1	7	6
9	7	6	2	8	4	3	1	5
3	1	5	9	6	7	8	2	4
4	2	8	5	1	3	9	6	7

Puzzle #62

6	7	9	2	3	1	4	5	8
5	1	8	6	7	4	3	2	9
3	4	2	9	8	5	1	6	7
1	2	5	7	9	8	6	3	4
8	6	3	1	4	2	7	9	5
4	9	7	5	6	3	2	8	1
7	8	4	3	5	6	9	1	2
9	3	1	8	2	7	5	4	6
2	5	6	4	1	9	8	7	3

Puzzle #63

3	5	1	4	9	8	7	6	2
8	4	2	6	3	7	1	5	9
7	6	9	5	2	1	8	3	4
6	7	4	3	1	2	9	8	5
2	1	8	9	4	5	3	7	6
9	3	5	7	8	6	2	4	1
1	2	6	8	5	3	4	9	7
5	9	3	1	7	4	6	2	8
4	8	7	2	6	9	5	1	3

Puzzle #64

2	1	4	3	5	6	8	9	7
5	9	8	4	1	7	6	2	3
6	7	3	9	8	2	1	5	4
9	2	1	7	6	8	4	3	5
4	8	7	5	3	1	9	6	2
3	6	5	2	4	9	7	8	1
8	4	2	6	7	3	5	1	9
1	5	9	8	2	4	3	7	6
7	3	6	1	9	5	2	4	8

Puzzle #65

1	5	3	8	7	6	4	2	9
7	6	9	2	5	4	3	8	1
8	4	2	1	3	9	5	6	7
6	2	8	4	1	5	7	9	3
9	1	4	7	2	3	8	5	6
5	3	7	6	9	8	2	1	4
3	8	1	5	6	7	9	4	2
2	9	5	3	4	1	6	7	8
4	7	6	9	8	2	1	3	5

Puzzle #66

9	8	4	2	7	1	3	6	5
6	2	7	9	3	5	4	8	1
1	5	3	4	8	6	2	7	9
4	3	8	6	1	2	5	9	7
2	6	5	7	4	9	8	1	3
7	9	1	3	5	8	6	2	4
3	4	6	8	9	7	1	5	2
5	7	2	1	6	3	9	4	8
8	1	9	5	2	4	7	3	6

Puzzle #67

9	4	6	8	3	5	7	1	2
2	7	8	1	9	4	3	5	6
5	1	3	6	2	7	9	4	8
3	8	1	7	5	2	4	6	9
4	9	5	3	6	1	8	2	7
6	2	7	4	8	9	1	3	5
1	5	9	2	4	8	6	7	3
8	6	4	5	7	3	2	9	1
7	3	2	9	1	6	5	8	4

Puzzle #68

9	2	6	5	4	3	8	1	7
4	1	8	6	9	7	3	5	2
5	3	7	1	8	2	9	4	6
2	7	3	4	6	8	1	9	5
8	4	5	9	7	1	6	2	3
1	6	9	2	3	5	4	7	8
7	9	1	3	5	6	2	8	4
3	5	4	8	2	9	7	6	1
6	8	2	7	1	4	5	3	9

Puzzle #69

8	6	9	2	7	4	3	5	1
5	4	3	9	1	6	7	8	2
1	2	7	8	3	5	6	4	9
6	8	4	5	2	1	9	7	3
9	5	1	7	6	3	4	2	8
7	3	2	4	8	9	5	1	6
4	7	6	1	9	8	2	3	5
3	1	5	6	4	2	8	9	7
2	9	8	3	5	7	1	6	4

Puzzle #70

7	5	3	4	9	8	1	6	2
8	9	1	5	6	2	4	3	7
2	6	4	7	3	1	9	5	8
4	8	7	3	2	6	5	9	1
1	2	6	8	5	9	3	7	4
5	3	9	1	4	7	8	2	6
3	7	8	6	1	5	2	4	9
6	4	2	9	8	3	7	1	5
9	1	5	2	7	4	6	8	3

Puzzle #71

7	5	6	9	4	8	1	3	2
4	9	1	6	3	2	5	7	8
8	3	2	7	5	1	6	9	4
5	1	3	4	9	6	2	8	7
9	4	7	8	2	5	3	1	6
2	6	8	1	7	3	9	4	5
6	7	5	3	8	9	4	2	1
1	8	9	2	6	4	7	5	3
3	2	4	5	1	7	8	6	9

Puzzle #72

5	8	1	4	3	9	7	6	2
7	9	6	1	2	8	3	5	4
2	4	3	5	7	6	8	9	1
8	3	9	2	6	5	1	4	7
6	7	4	8	9	1	5	2	3
1	2	5	7	4	3	6	8	9
3	6	7	9	5	2	4	1	8
9	5	8	3	1	4	2	7	6
4	1	2	6	8	7	9	3	5

Puzzle #73

6	4	9	5	7	1	3	2	8
5	8	7	4	3	2	6	1	9
2	3	1	8	9	6	5	7	4
3	6	2	1	4	9	7	8	5
4	9	5	2	8	7	1	6	3
7	1	8	6	5	3	4	9	2
8	7	4	9	1	5	2	3	6
1	5	6	3	2	8	9	4	7
9	2	3	7	6	4	8	5	1

Puzzle #74

1	8	5	6	7	9	3	4	2
6	2	9	4	8	3	5	1	7
7	3	4	5	2	1	6	8	9
9	7	2	3	5	8	4	6	1
8	4	3	1	6	7	9	2	5
5	6	1	9	4	2	8	7	3
2	5	7	8	3	6	1	9	4
4	1	6	2	9	5	7	3	8
3	9	8	7	1	4	2	5	6

Puzzle #75

4	1	6	8	2	3	9	5	7
9	3	2	1	5	7	4	8	6
8	7	5	6	9	4	2	3	1
1	6	7	2	8	9	5	4	3
3	8	9	4	1	5	7	6	2
5	2	4	7	3	6	1	9	8
6	9	3	5	7	1	8	2	4
2	5	1	3	4	8	6	7	9
7	4	8	9	6	2	3	1	5

Puzzle #76

6	2	1	4	7	8	9	5	3
5	4	9	1	3	2	8	7	6
7	8	3	9	5	6	2	1	4
1	5	7	3	2	4	6	9	8
4	6	8	5	9	1	7	3	2
9	3	2	8	6	7	1	4	5
2	9	5	6	1	3	4	8	7
3	7	4	2	8	9	5	6	1
8	1	6	7	4	5	3	2	9

Puzzle #77

1	3	8	6	9	4	2	5	7
6	2	7	5	1	8	9	4	3
4	9	5	3	7	2	6	8	1
5	8	9	4	2	1	7	3	6
2	6	1	7	8	3	4	9	5
7	4	3	9	5	6	1	2	8
8	5	2	1	4	7	3	6	9
3	7	4	8	6	9	5	1	2
9	1	6	2	3	5	8	7	4

Puzzle #78

2	7	8	4	9	5	3	6	1
9	1	3	2	7	6	8	4	5
4	6	5	8	1	3	2	7	9
5	4	2	7	8	1	6	9	3
1	9	6	5	3	2	4	8	7
3	8	7	6	4	9	5	1	2
6	3	1	9	5	4	7	2	8
8	2	9	3	6	7	1	5	4
7	5	4	1	2	8	9	3	6

Puzzle #79

4	8	5	2	3	6	9	7	1
1	6	7	8	9	4	5	3	2
3	9	2	7	1	5	4	6	8
2	4	6	5	7	3	1	8	9
5	7	1	6	8	9	3	2	4
9	3	8	4	2	1	6	5	7
7	5	9	1	6	2	8	4	3
6	2	3	9	4	8	7	1	5
8	1	4	3	5	7	2	9	6

Puzzle #80

7	8	2	6	3	5	4	9	1
6	1	4	9	7	2	8	3	5
3	5	9	8	4	1	7	2	6
1	2	8	3	5	9	6	4	7
5	7	3	4	8	6	2	1	9
4	9	6	2	1	7	5	8	3
2	6	1	7	9	8	3	5	4
9	4	7	5	2	3	1	6	8
8	3	5	1	6	4	9	7	2

Puzzle #81

2	1	7	4	6	8	9	3	5
5	8	4	9	3	7	6	2	1
6	3	9	5	2	1	8	4	7
4	6	2	1	9	5	3	7	8
7	5	3	6	8	4	1	9	2
8	9	1	3	7	2	4	5	6
9	7	8	2	1	3	5	6	4
1	4	6	7	5	9	2	8	3
3	2	5	8	4	6	7	1	9

Puzzle #82

8	2	7	3	6	5	4	1	9
1	6	3	2	9	4	5	7	8
9	5	4	7	1	8	2	6	3
2	4	1	5	3	7	8	9	6
5	9	6	4	8	1	3	2	7
7	3	8	9	2	6	1	5	4
4	8	5	6	7	2	9	3	1
6	1	9	8	5	3	7	4	2
3	7	2	1	4	9	6	8	5

Puzzle #83

4	3	9	7	8	1	2	5	6
1	6	8	4	5	2	9	3	7
2	7	5	6	9	3	4	8	1
8	1	2	3	4	9	7	6	5
6	5	4	8	2	7	1	9	3
7	9	3	1	6	5	8	4	2
5	8	7	9	1	6	3	2	4
3	4	6	2	7	8	5	1	9
9	2	1	5	3	4	6	7	8

Puzzle #84

6	8	5	3	7	9	4	1	2
4	1	2	8	5	6	7	9	3
9	3	7	1	4	2	6	5	8
8	9	4	6	2	5	1	3	7
2	7	6	4	1	3	9	8	5
3	5	1	7	9	8	2	4	6
5	6	9	2	8	4	3	7	1
7	2	8	9	3	1	5	6	4
1	4	3	5	6	7	8	2	9

Puzzle #85

3	8	1	5	4	6	7	9	2
5	4	7	2	3	9	8	1	6
9	2	6	8	7	1	3	5	4
1	3	5	7	9	4	2	6	8
2	9	8	3	6	5	1	4	7
7	6	4	1	2	8	5	3	9
6	5	2	9	1	7	4	8	3
8	7	9	4	5	3	6	2	1
4	1	3	6	8	2	9	7	5

Puzzle #86

3	6	2	1	4	8	7	9	5
9	5	1	2	3	7	4	8	6
8	4	7	5	6	9	3	1	2
4	2	3	8	5	1	9	6	7
5	1	9	4	7	6	2	3	8
6	7	8	3	9	2	5	4	1
1	8	5	9	2	4	6	7	3
2	9	6	7	1	3	8	5	4
7	3	4	6	8	5	1	2	9

Puzzle #87

8	3	2	7	9	4	6	5	1
6	5	1	8	2	3	9	7	4
4	7	9	5	1	6	2	3	8
3	1	7	4	6	9	5	8	2
9	4	6	2	8	5	7	1	3
2	8	5	3	7	1	4	6	9
7	2	3	9	5	8	1	4	6
5	6	4	1	3	2	8	9	7
1	9	8	6	4	7	3	2	5

Puzzle #88

1	2	4	5	7	6	8	3	9
3	9	6	4	8	2	1	5	7
5	7	8	9	1	3	2	4	6
9	5	1	8	6	7	3	2	4
6	8	2	3	4	1	7	9	5
4	3	7	2	9	5	6	1	8
8	1	9	6	2	4	5	7	3
2	4	5	7	3	8	9	6	1
7	6	3	1	5	9	4	8	2

Puzzle #89

1	5	3	6	2	8	4	7	9
7	9	8	1	4	5	3	6	2
2	4	6	7	3	9	8	5	1
3	8	1	5	6	7	9	2	4
5	2	9	8	1	4	7	3	6
6	7	4	2	9	3	5	1	8
9	1	7	3	8	2	6	4	5
4	6	5	9	7	1	2	8	3
8	3	2	4	5	6	1	9	7

Puzzle #90

7	5	8	2	1	9	3	6	4
9	6	1	3	4	7	5	8	2
2	3	4	6	5	8	7	9	1
6	1	3	8	2	4	9	5	7
5	7	2	1	9	3	6	4	8
8	4	9	7	6	5	2	1	3
4	8	7	9	3	6	1	2	5
1	9	5	4	7	2	8	3	6
3	2	6	5	8	1	4	7	9

Puzzle #91

4	8	6	7	1	9	2	5	3
7	1	9	3	2	5	8	4	6
2	5	3	6	4	8	7	9	1
3	4	1	5	7	2	6	8	9
9	2	8	4	3	6	5	1	7
6	7	5	8	9	1	3	2	4
1	3	2	9	5	7	4	6	8
8	9	4	2	6	3	1	7	5
5	6	7	1	8	4	9	3	2

Puzzle #92

7	3	2	5	1	8	4	6	9
1	5	6	9	4	2	3	7	8
9	4	8	3	6	7	2	5	1
4	2	5	8	7	6	1	9	3
8	9	7	4	3	1	6	2	5
6	1	3	2	5	9	7	8	4
5	6	9	1	2	4	8	3	7
2	8	4	7	9	3	5	1	6
3	7	1	6	8	5	9	4	2

Puzzle #93

7	2	6	5	9	8	3	1	4
9	3	5	4	1	6	7	2	8
8	1	4	3	7	2	5	6	9
5	9	3	2	6	1	4	8	7
1	6	8	7	3	4	9	5	2
2	4	7	9	8	5	1	3	6
3	7	1	6	2	9	8	4	5
6	5	9	8	4	3	2	7	1
4	8	2	1	5	7	6	9	3

Puzzle #94

1	6	8	2	5	9	7	4	3
2	4	3	1	8	7	5	9	6
5	9	7	6	4	3	1	8	2
4	5	6	9	3	1	2	7	8
8	1	9	7	2	5	6	3	4
7	3	2	8	6	4	9	1	5
9	8	4	5	1	2	3	6	7
6	7	5	3	9	8	4	2	1
3	2	1	4	7	6	8	5	9

Puzzle #95

6	2	7	8	3	5	4	1	9
9	4	5	2	7	1	3	8	6
3	1	8	6	4	9	2	7	5
8	3	1	7	9	2	5	6	4
4	9	6	5	1	8	7	2	3
7	5	2	4	6	3	8	9	1
2	6	3	9	5	7	1	4	8
1	8	9	3	2	4	6	5	7
5	7	4	1	8	6	9	3	2

Puzzle #96

1	2	6	7	3	4	8	5	9
7	5	9	8	6	1	3	2	4
4	8	3	5	9	2	7	6	1
2	4	7	3	1	5	9	8	6
9	6	1	4	7	8	5	3	2
8	3	5	6	2	9	4	1	7
5	9	2	1	8	7	6	4	3
3	7	4	2	5	6	1	9	8
6	1	8	9	4	3	2	7	5

Puzzle #97

6	1	5	4	8	3	9	2	7
4	8	7	2	9	6	3	1	5
9	3	2	1	5	7	8	4	6
7	6	8	3	2	9	4	5	1
3	5	1	7	6	4	2	9	8
2	9	4	8	1	5	6	7	3
8	4	9	5	3	1	7	6	2
5	2	6	9	7	8	1	3	4
1	7	3	6	4	2	5	8	9

Puzzle #98

9	2	8	5	7	3	6	1	4
6	7	1	2	9	4	5	8	3
4	5	3	6	1	8	2	7	9
7	3	9	8	5	1	4	2	6
5	4	2	7	3	6	8	9	1
8	1	6	9	4	2	3	5	7
2	6	7	3	8	9	1	4	5
3	9	4	1	2	5	7	6	8
1	8	5	4	6	7	9	3	2

Puzzle #99

4	8	1	6	5	9	2	7	3
5	2	9	1	3	7	4	8	6
3	7	6	4	2	8	9	5	1
6	4	5	8	7	2	1	3	9
1	3	7	5	9	4	6	2	8
2	9	8	3	6	1	5	4	7
9	6	4	2	8	3	7	1	5
8	5	2	7	1	6	3	9	4
7	1	3	9	4	5	8	6	2

Puzzle #100

4	9	6	1	7	8	3	5	2
3	1	8	5	4	2	6	9	7
2	7	5	9	6	3	4	8	1
8	3	2	7	5	9	1	6	4
5	6	9	4	2	1	7	3	8
1	4	7	8	3	6	5	2	9
6	8	4	2	1	5	9	7	3
9	5	1	3	8	7	2	4	6
7	2	3	6	9	4	8	1	5

Thank you

We hope you enjoyed our book.

As a small family company, your feedback is important to us.

Please let us know how you like our book at:

golden.books101@gmail.com